環状オリゴ糖シリーズ　4

αオリゴ糖の応用技術集

監修　寺尾啓二

著者　古根隆広

目次

はじめに ‐ 3種類の環状オリゴ糖と包接作用 ‐ ……3

1. αオリゴ糖による機能性成分の安定化
   - （1）大根の粉末化（MTBIの安定化）……8
   - （2）アリルイソチオシアネートの安定化……12
   - （3）カイワレ大根中のクロロフィルの安定化……14
   - （4）キウイフルーツのプロテアーゼ安定化粉末……16
   - （5）ローヤルゼリーの10-ヒドロキシデセン酸の安定化……18
   - （6）青葉アルコール・青葉アルデヒドの粉末化……20
   - （7）ソルビン酸の機能性向上……22

2. αオリゴ糖による機能性成分の水溶化
   - （1）レスベラトロールの水溶化……26
   - （2）フェルラ酸の水溶化……28
   - （3）ラズベリーケトンの水溶化と安定化……30

3. αオリゴ糖のその他の応用
   - （1）マヌカハニーの粉末化と機能性……33
   - （2）乳化剤としてのαオリゴ糖の利用……36
   - （3）ココナッツオイルの粉末化……38
   - （4）L-カルニチンの低潮解性粉末……40
   - （5）アミノ酸の苦み改善……42

4. αオリゴ糖の難消化性糖質としての機能性と応用
   - （1）αオリゴ糖による血糖値上昇抑制作用……46
   - （2）αオリゴ糖による食後の血中中性脂肪上昇抑制作用と飽和脂肪酸選択的排泄作用……50
   - （3）プレバイオティクスとしてのαオリゴ糖……54
   - （4）乳酸菌との組み合わせによるシンバイオティクス……58
   - （5）αオリゴ糖による抗アレルギー作用……60
   - （6）αオリゴ糖の熱安定性……62

はじめに -3種類の環状オリゴ糖と包接作用-

3種類の環状オリゴ糖

　オリゴ糖は、単糖（ブドウ糖）が2〜10個結合したもので、その両端がつながり環状になったものが、環状オリゴ糖です。環状オリゴ糖はシクロデキストリン（CD）とも呼ばれ、天然にも存在しますが、工業的にはとうもろこしなどから取り出したデンプンにCD生成酵素を作用させて作られます。そして、酵素の種類の違いによって、αオリゴ糖、βオリゴ糖、γオリゴ糖の3種類ができます。

　「αオリゴ糖」は6つのブドウ糖が環状につらなったもので、「βオリゴ糖」ではその数が7つ、「γオリゴ糖」では8つと、それぞれ環を構成するブドウ糖の数が異なります。

　環状オリゴ糖は、フタと底のないカップのような立体的な3次元構造をしています（図1）[1]。

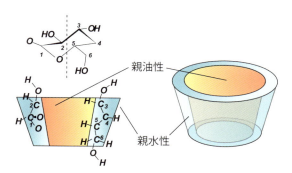

図1　環状オリゴ糖の模式図（引用文献1より改変）

　その空洞の内径は、αオリゴ糖がいちばん小さく0.5〜0.6ナノメートル（nm）、βオリゴ糖が0.7〜0.8nm、γオリゴ糖が0.9〜1.0nmとなっています（※1nm＝10億分の1m）。そして、この環状オリゴ糖の空洞内は親油性（油に溶けやすい）、外側は親水性（水に溶けやすい）という、たいへん特異な性質をもちます。

包接作用とそれに伴った機能

　環状オリゴ糖は、その空洞の中に、様々な分子を取り込み、そのまま空洞内に保持する性質をもっています。この現象を、「包接」といいます（包接される側をゲスト分子といいます）。フタと底のないカップ状であっても、包接した分子が飛び出さないのは、包接した分子との間に、分子間力など各種の相互作用が働くためです。その意味で、環状オリゴ糖は、"分子サイズ（ナノサイズ）のカプセル"、すなわち、"世界でいちばん小さなカプセル"といえます。

　環状オリゴ糖ならびにその化学修飾体は、この包接作用とゆっくり解離する徐放作用を介して様々な機能を発揮し（図2）、現在、食品、医薬品、家庭用品など、いろいろな分野で利用されています。

図2　環状オリゴ糖による包接作用とそれに伴った機能

世界における環状オリゴ糖の安全性評価

　日本では、「環状オリゴ糖は天然にも存在するから安心」という判断基準のもと、α、β、γの3種すべてに対して、食品への添加に対する使用制限はありません。

　一方、日本以外については、αオリゴ糖とγオリゴ糖は「使用に制限なし」、βオリゴ糖は、血液中の赤血球を壊す溶血作用や腎臓障害を引き起こす可能性が報告されていることから、「使用に若干制限あり」というのが、世界的な安全性評価の概要といえます（表1）[1]。

表1　各種環状オリゴ糖の食品への利用に関する世界の安全性評価

環状オリゴ糖の種類	JECFA（WHO/FAO）	日本	US	EU
αオリゴ糖	一日許容摂取量（ADI）：特定せず	使用可（既存添加物）	GRAS 認可（広範囲用途）	使用可（新規食品）
βオリゴ糖	一日許容摂取量（ADI）：0-5mg/kg/日	使用可（既存添加物）	GRAS 認可（食品香料担体として）	使用可（加工助剤として）
γオリゴ糖	一日許容摂取量（ADI）：特定せず	使用可（既存添加物）	GRAS 認可（広範囲用途）	使用可（新規食品）

（引用文献1より改変）

機能性成分の環状オリゴ糖包接体の開発検討法

　機能性成分の中には、化学的に不安定であったり、難水溶性であったりするため、十分な生体利用能やその先にある生体活性を発揮できないものが数多く存在します。例えば、ヒトケミカル（ヒトの生体内で作られている生体を維持するための機能性成分）であるR-αリポ酸やコエンザイムQ10は高い機能性を有していますが、R-αリポ酸は胃酸安定性が低いために、コエンザイムQ10は水や腸液に対する溶解性が低いために、いずれも生体利用能が低く、サプリメントとして摂取しても、それぞれ成分本来の生体活性が発揮されにくい問題を抱えています。

　これらの問題解決の手段として、環状オリゴ糖による包接化技術があります。図3は環状オリゴ糖による生体利用能の低い機能性成分の包接化技術の検討についてフローチャートでわかりやすく示したものです。

　最初に、安定性や水溶性に問題がある機能性成分を環状オリゴ糖で包接化させた、いわゆる包接体粉末を調製します。そうして得られた包接体の生体利用能の評価をする上で、動物やヒトで生体利用能を検討できればよいのですが、これらの検討には多大な費用と時間を要します。一方、環状オリゴ糖の主な機能は安定性や溶解性の改善ですので、生体利用能を評価するためのツールとして用いられている人工胃液に対する安定性評価法や人工腸液に対する溶解性評価法がより簡便な方法として利用できます。なお、これらの評価結果と実際の動物やヒトでの吸収性試験（生体利用能）には相関があることが、これまで数多くの研究によって確認されています。

本書の目的

　本書では、機能性食品素材の問題解決のために環状オリゴ糖を利用した包接体や複合体などの粉末のことを、わかりやすい言葉で『αオリゴパウ

5

ダー』もしくは『γオリゴパウダー』と呼ぶことにしました[2,3]。

　本書を通じて、環状オリゴ糖による機能性成分の生体利用能の改善効果に関する検討例をはじめ、タンパクやフレーバーなどの安定化技術や味覚改善など、バラエティーに富んだ応用について紹介します。これらの知見が研究や開発に携わる皆様の発想や検討の一助となれば幸いです。

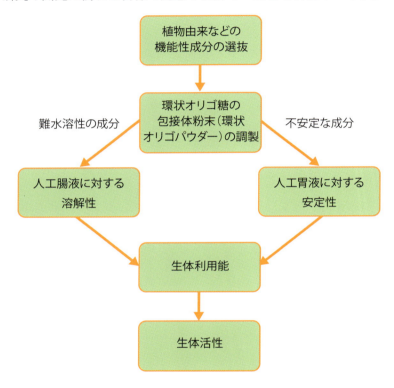

図3　機能性成分の環状オリゴパウダーの開発法フローチャート

引用文献
1) 寺尾啓二ら, スーパー難消化性デキストリン"αオリゴ糖", (2017).
2) 寺尾啓二, αオリゴパウダー入門, (2016).
3) 寺尾啓二, マヌカαオリゴパウダーのちから, (2016).

1. αオリゴ糖による機能性成分の安定化

（1）大根の粉末化（MTBIの安定化）

大根の辛味成分MTBIとは

　大根の辛味成分として4-メチルチオ-3-ブテニルイソチオシアネート（MTBI）が知られています。大根中ではMTBIは配糖体として安定に存在しています。調理や加工の際に、摩り下ろすなどして繊維が壊れると内在酵素であるミロシナーゼと接触し、糖が外れてMTBIが生成します（**図1**）。MTBIを含む大根抽出物を用いた研究でMTBIには殺菌作用、抗がん作用、抗糖尿病作用などがあることが明らかとなっています[1-3]。

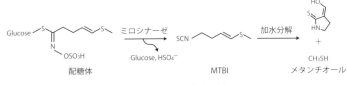

図1　MTBIの生成と分解

MTBIの問題点と開発の目的

　大根中のMTBIは、加水分解を受けやすく安定性が低いために大根おろしなど加工品の辛味を保持しにくいこと、また、MTBIの分解と共に発生する臭気物質のメタンチオールにより加工品の品質を落としてしまうといった問題があります。そこで、大根おろし中のMTBIの安定性向上を目的として、αオリゴ糖を用いたMTBIを含有する大根αオリゴパウダーを開発しました（**図2**）。

図2　凍結乾燥後の大根αオリゴパウダー（引用文献4より引用）

本技術によるMTBIの安定化

　各種環状オリゴ糖を添加した時の大根おろし中のMTBIの安定性について検討した結果を図3に示しています。環状オリゴ糖を添加していない場合、60分後のMTBI残存率は10 %まで減少しましたが、αオリゴ糖を添加すると120分後でも80 %のMTBIが残存していました[4]。これはMTBIがαオリゴ糖の空洞に取り込まれたことで安定化し、分解されなかったためと考えられます。αオリゴ糖を用いることで室温でも辛味を保持した大根おろしの作製が可能となりました。

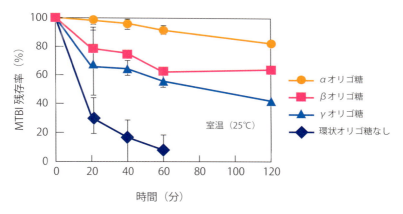

図3　各種環状オリゴ糖添加時のMTBI残存率（引用文献4より改変）

　大根おろしにαオリゴ糖を添加した後に凍結乾燥することで粉末化できます（大根αオリゴパウダー、図2）。大根αオリゴパウダー中のMTBI含量が、オリゴ糖無添加の粉末よりも多かったことから、αオリゴ糖は乾燥工程におけるMTBIの分解や揮発を抑制することが示唆されました。

大根αオリゴパウダーの機能性評価

　MTBIを安定化させた大根αオリゴパウダーを高脂肪食と共にマウスに摂取させ、肥満に対する評価を行いました。マウスをランダムに3群に分け、それぞれ通常食（通常食群）、高脂肪食（高脂肪食群）、高脂肪食と大根αオリゴパウダー（大根αオリゴパウダー群）を16週間摂取させました。

飼育時の体重の変化を**図4**に示します。大根αオリゴパウダー群では、高脂肪食を摂取しているにもかかわらず、有意に体重の増加が抑制されており、通常食群と似た推移を示しました。

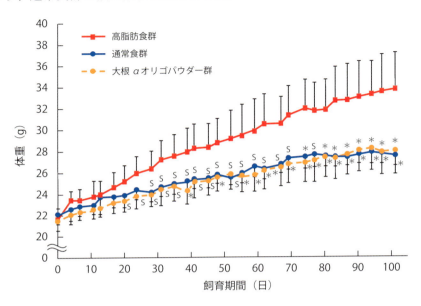

図4　体重の変化（引用文献5より改変）
（$: p < 0.05$、* : $p < 0.01$　VS 高脂肪食群）

　図5に精巣周囲脂肪組織の重量とそのHE染色の結果を示します。大根αオリゴパウダーを摂取することで、高脂肪食による脂肪重量の増加が有意に抑制されました。さらにHE染色の結果より、脂肪細胞の肥大化も抑制されていることが分かりました。

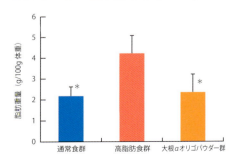

　他にも高脂肪食摂取によって引き起こされた血清トリグリセリド濃度や血清コレステロール濃度の上昇が、大根αオリゴパウダーを摂取することにより有意に抑制されました。また、糖負荷試験では、高脂肪食群で見られた血糖値の上昇が大根αオ

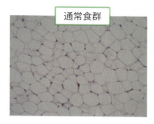 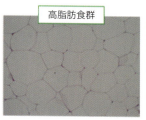 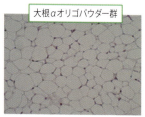

図5　脂肪組織の重量とHE染色
（*：$p < 0.01$　VS　高脂肪食群）

リゴパウダー群では有意に抑制されており、大根αオリゴパウダー摂取によって高脂肪食が引き起こすインスリン感受性の低下も抑制されました。

　これらのことから、マウスにおいて、大根αオリゴパウダーは高脂肪食摂取による脂肪蓄積を抑制することで抗肥満効果を示すことが分かりました。

応用例や参考情報

　大根αオリゴパウダーは保存4ヶ月後もMTBIに由来する辛味を保持していました。また、大根αオリゴパウダーに水を添加すると元の大根おろしの食感に戻るため、辛味を長時間保持した大根おろしを手軽に味わうことができます。凍結乾燥させているので携帯もしやすく、利便性が向上しています。

　さらに、大根αオリゴパウダーは抗肥満効果、脂肪の蓄積低減効果、抗糖尿病効果のあることが確認されていますので、抗メタボリックシンドローム素材として利用できます。

引用文献
1)　Y. Uda et al., *Nippon Shokuhin Kogyo Gakkaishi,* 40（10), 743（1993).
2)　I. Suzuki et al., *J. Toxicol. Pathol.,* 29（4), 237（2016).
3)　S.A. Habib et al., *Biochimie,* 94, 1206（2012).
4)　上野千裕ら. 食品機能性成分の安定化技術, 206（2016).
5)　H. Okamoto et al., *The 19th International Cyclodextrin Symposium Abstracts,*103（2018)

(2) アリルイソチオシアネートの安定化

アリルイソチオシアネート（AITC）とは

AITC（**図1**）はワサビに含まれる刺激臭と辛みを有する物質です[1]。カラシ油配糖体シニグリンがミロシナーゼの働きによって分解されてAITCを生成します。

AITCには抗菌効果、抗がん効果、食欲増進効果、血小板凝集抑制効果、抗酸化効果、抗糖尿病効果など多くの効果が見出されています。

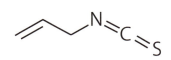

図1　AITCの分子構造

AITCの問題点と開発の目的

AITCは食品香料として広く使用されていますが、成分の徐放や空気による酸化・加水分解を受けやすい性質があります。

そこで、香りの保持、酸化・加水分解の抑制、水分散性の向上などを目的として、αオリゴ糖を利用したAITCαオリゴパウダーを開発しました。

本技術の原理と検討

AITCはαオリゴ糖の空洞にフィットする分子構造をしており、αオリゴ糖の包接でAITCの安定性を向上させることができます。

図2は、各環状オリゴ糖に包接されたAITCの安定性への影響について調べたものです。3倍モル量のAITCを各種環状オリゴ糖ペーストに添加し、凍結乾燥にて各種環状オリゴパウダーを得ました。これらの粉末を開放系にて60℃、75%RHで6時間熱処理を施した後、分析しました。その結果、環状オリゴ糖の種類によってAITCの安定性は異なり、αオリゴ糖が効果的にAITCの安定性を向上させることが分かりました。

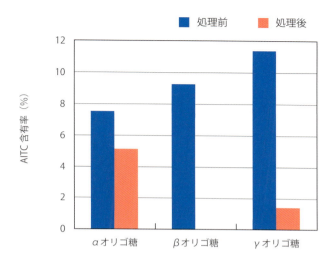

図2　各種環状オリゴ糖によるAITCの安定性への影響

応用例や参考情報

　AITCαオリゴパウダーは、安定性の高いAITC素材として、食品香料としての利用が期待できます。また、抗菌性効果があることも確かめられているため、持続性の高い除菌剤としての利用も期待できます。

引用文献
1) 寺尾啓二, *食品開発者のためのシクロデキストリン入門*, 119 (2004).

(3) カイワレ大根中のクロロフィルの安定化

クロロフィルとは

クロロフィルは植物の葉などに含まれる緑色の色素であり（**図1**）、野菜の場合は鮮度の指標になる色素でもあります。クロロフィルには抗酸化作用や解毒作用のみならず、コレステロール低減、抗アレルギー、血圧降下作用があることも知られています。

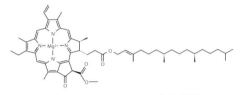

図1　クロロフィルの分子構造

クロロフィルの問題点

クロロフィルは貯蔵や調理中の熱や酸素などにより速やかに分解を受けて退色してしまいます[1]。また、分解物を多量に摂取した場合に皮膚障害を起こす可能性もあります[2]。

そこで、クロロフィルの分解・退色を抑制し緑色を保つことを目的としてαオリゴ糖を利用した検討を行いました。

本技術の原理と検討

クロロフィルの分解は、疎水性の高いフィトールと呼ばれる側鎖が脱離または反応を受け、中心金属のマグネシウムが脱離することで起きます[1]。つまり、αオリゴ糖の空洞にフィトールを包接することでクロロフィルの分解を防ぐことができます。

図2は、カイワレ大根をミキサーで粉砕してαオリゴ糖を添加し、室温にて14日間保存したときの見た目の変化を示しています。αオリゴ糖を添加していないものでは完全に退色していますが、αオリゴ糖を添加したものでは添加量に依存して緑色を保持できることが示されました[3]。

図2 αオリゴ糖によるカイワレ大根中のクロロフィルの安定化（引用文献3より改変）

応用例や参考情報

　粉末化したカイワレ大根においても、αオリゴ糖によるクロロフィルの安定化効果を示すことがわかっています。また、カイワレ大根の辛味成分もαオリゴ糖で安定化できます[3]。そのため、カイワレ大根などのクロロフィル含有素材を利用した新たな加工食品の開発のために、αオリゴ糖が非常に有用であるといえます。

引用文献
1) 　土屋徹ら, *化学と生物*, 39（9）, 580（2001）.
2) 　田村行弘ら, *食品衛生学雑誌*, 20（3）, 173（1979）.
3) 　上野千裕ら, *第31回シクロデキストリンシンポジウム講演要旨集*, 194（2014）.

(4) キウイフルーツのプロテアーゼ安定化粉末

キウイフルーツのプロテアーゼとは

　プロテアーゼとはタンパク分解酵素とも言われ、キウイフルーツにはアクチニジンというプロテアーゼが含まれています。キウイフルーツと肉を一緒に漬け込むと肉が軟化するのは、このアクチニジンのタンパクを分解する作用によるものです。
　アクチニジンは消化促進作用を有しており[1]、口臭の原因となる舌苔の除去効果も報告されています[2]。

アクチニジンの問題点と開発の目的

　アクチニジンは熱に弱く、60 ℃を超えると急激に活性が低下するため食品利用が困難です。
　そこで、アクチニジンの安定性を改善し利便性を向上することを目的として、αオリゴ糖を利用したキウイフルーツαオリゴパウダーを開発しました。なお、キウイフルーツ果汁はαオリゴ糖を加えることで粉末化することができますが、果汁だけではもちろん、結晶セルロースなどを用いても微細な分散性の粉末になりません。

本技術の原理と検討

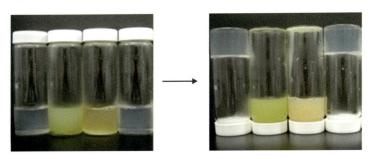

図1　アクチニジンによるゼラチン水溶液の固化抑制作用
（左からゼラチン水溶液のみ、新鮮なキウイフルーツ果汁、
1年間保存したキウイフルーツαオリゴパウダー、αオリゴ糖）

図1は、ゼラチン水溶液に、左から、無添加、新鮮なキウイフルーツ果汁、1年間保存したキウイフルーツαオリゴパウダー、そしてαオリゴ糖をそれぞれ添加した容器を冷蔵庫で静置した時の写真です。新鮮なキウイフルーツ果汁ではアクチニジンの作用によりゼラチンの固化が抑制されて液状となり、試験サンプルをひっくり返すと重力に従って落下します。キウイフルーツαオリゴパウダーを添加した場合でもゼラチンの固化を抑制したことから、キウイフルーツαオリゴパウダーはアクチニジンの活性を有し、さらに1年以上経過してもその活性を保持していることが分かりました。

　また、キウイフルーツをαオリゴ糖で粉末化すると、加熱によるアクチニジンの活性低下も抑制されることが分かりました（**図2**）。

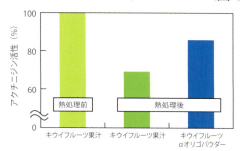

図2　加熱時のアクチニジン活性の保持

　アクチニジン安定化の原理については、αオリゴ糖はアミノ酸を包接することができるため、アクチニジンのアミノ酸残基に対する包接作用が安定化に関与している可能性が考えられます。

応用例や参考情報

　口腔ケアにおいて有用な成分であるアクチニジンをαオリゴ糖で安定化することで、アクチニジン活性を長期間維持することができ、また、粉末化することでキウイフルーツ果汁では困難なチュアブル等への応用も期待できます。

引用文献
1）　西山一朗, *栄養学雑誌*, 72 (6), 292 (2014).
2）　吉松大介ら, *口腔衛生会誌*, 56, 37 (2006).

(5) ローヤルゼリーの10-ヒドロキシデセン酸の安定化

ローヤルゼリーとは

　ローヤルゼリーは花粉を食べたミツバチの体内で生合成され、咽頭腺から分泌される乳白色のペースト状物質です。本来は女王蜂となる幼虫や、成虫となった女王蜂、その他働き蜂などの食物ですが、アミノ酸やビタミン類を豊富に含んでおり、滋養強壮や体調改善効果のために健康食品素材として広く使用されています。

　現在では、ミツバチが自然に王台に集めたローヤルゼリーを採取するだけではなく、人工王台を用いて1つの巣箱から多くのローヤルゼリーを採取する方法によって大量に生産されています。日本国内での製造量はごくわずかであり、ほとんどを中国から輸入していますが、その総量は年々増加し、この10年間では倍増しています。

　このローヤルゼリーには特徴的な成分として、10-ヒドロキシデセン酸（10-HDA）（**図1**）が含有されることが知られており、品質管理上の指標として含有量が規定されています[1]。

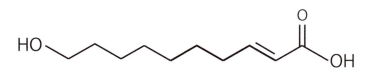

図1　10-HDAの分子構造

問題点と開発の目的

　ローヤルゼリー中の10-HDAは不安定であり、光、熱、酸素、金属片などによってその含有量が低下することが知られています。そこで、10-HDAの安定性改善を目的として、αオリゴ糖を利用した検討が報告されています。

本技術の原理と検討

　10-HDAはαオリゴ糖の空洞にフィットする分子構造をしており、包接された10-HDAは安定性が向上する性質を示します。**表1**は生ローヤルゼリーと環状オリゴ糖混合物（αオリゴ糖含有量：60％）を混ぜて凍結乾燥した粉末（ローヤルゼリーαオリゴパウダー）に対して、37℃・遮光条件下での保存安定性を調べたものです[2]。また、生ローヤルゼリーそのものを凍結乾燥し、対照として用いました。

　その結果、ローヤルゼリー単独では保存42日目以降の10-HDA残存率は95％以下に減少したのに対し、ローヤルゼリーαオリゴパウダーでは保存67日目においても10-HDA残存率が98％以上の高値を示しました。αオリゴ糖の添加によって、効果的に10-HDAの安定性を向上させることが分かりました。

表1　10-HDAの保存安定性（37℃・遮光条件下）（引用文献2より改変）

	1日目	13日目	28日目	42日目	55日目	67日目
ローヤルゼリー	6.03	6.06	5.97 (99.0)	5.72 (94.9)	5.70 (94.5)	5.56 (92.2)
ローヤルゼリー αオリゴパウダー	7.14	7.11 (99.6)	7.09 (99.3)	7.08 (99.2)	7.03 (98.5)	7.01 (98.2)

（上段：10-HDA含量（％）、下段：残存率（％））

参考情報

　この実験では、長期保存した際のローヤルゼリーの着色性についても調べられており、αオリゴ糖の添加によって効果的にローヤルゼリーの褐変化が抑えられることも分かっています。

引用文献
1）　http://www.rjkoutori.or.jp/index.html
2）　特開平6-38694

(6) 青葉アルコール・青葉アルデヒドの粉末化

青葉アルコール・青葉アルデヒドとは

"緑の香り"と称される青葉アルコール（*cis*-3-ヘキセノール）（**図1左**）や青葉アルデヒド（*trans*-2-ヘキセナール）（**図1右**）は、緑葉香や青臭さの主要な成分であり、香料として広く使用されています。近年では緑の香りが、サルやヒトに対して学習能力の向上やリラックス効果、疲労回復効果をもたらすこと、高い抗菌活性を示すことなど、様々な研究報告がされています[1]。

青葉アルコールでは緑葉様臭が、青葉アルデヒドでは果実様臭が特徴的な香りとされています。低濃度では心地よい香りと感じたり、高濃度では刺激臭となったり、濃度の違いによっても香りの感じ方や効果が変わってきます。そのため、香りの強さや持続性をコントロールし、徐放性を持たせることが重要となります。

図1　青葉アルコール（左）と青葉アルデヒド（右）の分子構造

問題点と開発の目的

青葉アルコールや青葉アルデヒドは揮発性の高い物質であり、安定性が低いことが問題とされています。環状オリゴ糖はその包接能によりゲスト分子に対して水溶性や安定性、徐放性などを付与することができます。よって、環状オリゴ糖を用いることで緑の香りを含有する新たな製品の開発が期待できます。

ここでは、緑の香りの機能性向上を目的として、αオリゴ糖を利用した青葉アルコールおよび青葉アルデヒドのαオリゴパウダーを作製し、その徐放特性を評価しました。

本技術の原理と検討

　青葉アルコールおよび青葉アルデヒドはαオリゴ糖の空洞にフィットする分子構造をしており、包接されることで安定性が向上する性質を示します。

　そこで、青葉アルコールおよび青葉アルデヒドの各試料を40℃、75%RH条件下に静置した際の成分含量の経時変化を調べました[2]。青葉アルコールの徐放性について、マルトデキストリンでは速やかに残存率が低下したのに対し、環状オリゴ糖では徐放効果が観測されました（**図2左**）。特に、αオリゴ糖は化学修飾体のヒドロキシプロピル化（HP）オリゴ糖より顕著であり、長期間保存後も高い残存率が示されました。同様の傾向が青葉アルデヒドの徐放性についても観測され（**図2右**）、緑の香りの粉末化においてαオリゴ糖が有効であることが分かりました。

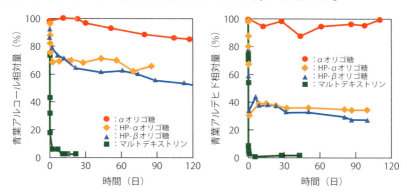

図2　青葉アルコール（左）および青葉アルデヒド（右）の徐放特性（引用文献2より改変）

参考情報

　青葉アルデヒドには*trans*-2-ヘキセナールの他に、*cis*-3-ヘキセナールという異性体も知られています。こちらの成分についても、αオリゴ糖によって安定性が向上することが確認されています[3]。

引用文献
1)　畑中顕和, *におい・かおり環境学会誌*, 38, 415 (2007).
2)　中田大介ら, *第33回シクロデキストリンシンポジウム講演要旨集*, 268 (2016).
3)　上梶友記子ら, *第34回シクロデキストリンシンポジウム講演要旨集*, 246 (2017).

（7）ソルビン酸の機能性向上

ソルビン酸とは

ソルビン酸（**図1**）は、ナナカマドの果実に存在しており、保存料として利用される食品添加物です。その使用は、食品衛生法で種々の食品に認められており、食品の風味への影響も少なく、主に、かび、酵母および好気性菌に対して、広い抗菌スペクトルを発揮します[1]。

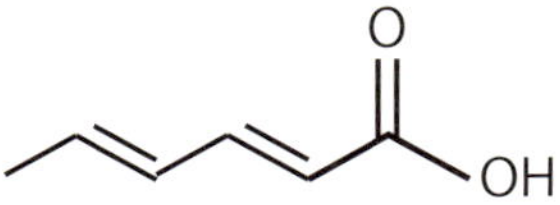

Mw：112.13
水への溶解度：1.6mg/mL（20℃）

図1　ソルビン酸の分子構造

ソルビン酸の問題点と開発の目的

ソルビン酸は細菌や真菌の細胞膜を通過し、細胞内のpHを低下させることにより抗菌作用を発揮します[1]。一般的に、ソルビン酸は酸性側の方が強い抗菌作用を発揮するため、食品のpHが上昇するほど抗菌効果が弱くなります。さらに、ソルビン酸は熱安定性が低く、高温処理が必要な食材には適応できない場合があります。

そこで、ソルビン酸に対し相性の良いαオリゴ糖を用いて、包接作用によるソルビン酸の機能性や安定性の向上について評価しました。

本技術の原理と検討

ソルビン酸αオリゴパウダーを作製し、それをpH6.0に調整した培地に溶解させた後、グラム陽性菌の黄色ブドウ球菌を添加し、37℃で振とうさせました。このときの菌液の濁度を経時的に測定することで、抗菌作用を評価しました（**図2**）。その結果、ソルビン酸のみ、αオリゴ糖のみと比較してソルビン酸αオリゴパウダーの場合で効果的に菌の増殖を抑制できることがわかりました。

次に、ソルビン酸αオリゴパウダーまたはソルビン酸のみを90℃にて一定時間加熱し、その時の残存率を評価した結果を**図3**に示します。その

結果、αオリゴ糖を用いることで、ソルビン酸の安定性を飛躍的に向上できることが明らかとなりました[2]。

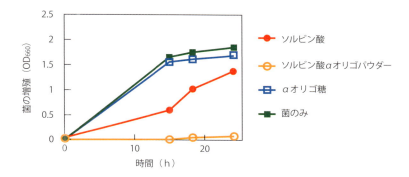

図2　ソルビン酸-αオリゴ糖による黄色ブドウ球菌の増殖抑制効果

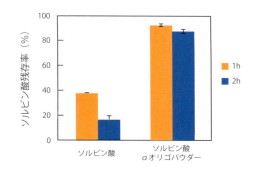

図3　ソルビン酸の熱安定性におけるαオリゴ糖の効果（引用文献2より改変）

応用例や参考情報

　ソルビン酸αオリゴパウダーは、抗菌効果や熱安定性の向上のみならず、水溶性も向上していることが確認されており、ソルビン酸のみより様々な食品に対して幅広くご利用いただけることが期待できます。

引用文献
1)　松田敏生, *日本食品工業学会誌*, 41 (7), 687 (1994).
2)　木村円香ら, *第33回シクロデキストリンシンポジウム講演要旨集*, 262 (2016).

2. αオリゴ糖による機能性成分の水溶化

(1) レスベラトロールの水溶化

レスベラトロールとは

　赤ワインに含まれているポリフェノールの一種であるレスベラトロール（**図1**）が、最近注目を集めています[1]。そのきっかけに「フレンチ・パラドックス」があります。肉や乳製品をよく食べるフランス人は、動脈硬化や心疾患など生活習慣病にかかりやすいと予想されますが、フランス人の平均寿命は世界でも常に上位です。その秘密は、フランス人が普段から大量に摂取する赤ワインによるものではないかと考え、研究が進められました。

　レスベラトロールは、老化を抑制するサーチュイン遺伝子に対して、カロリー制限と同じような効果を発揮する物質として知られています。さらに、抗酸化作用、美肌効果、がん予防効果、メタボリックシンドローム予防効果、血管内皮機能改善効果、脳機能改善作用など多くの効果効能も見出されています。また、カレーなどに含まれるクルクミンと併用することで、相乗効果で高い抗酸化力を発揮することも報告されています[2]。現在、レスベラトロールを含む多くの健康食品や化粧品が世界中で販売されています。

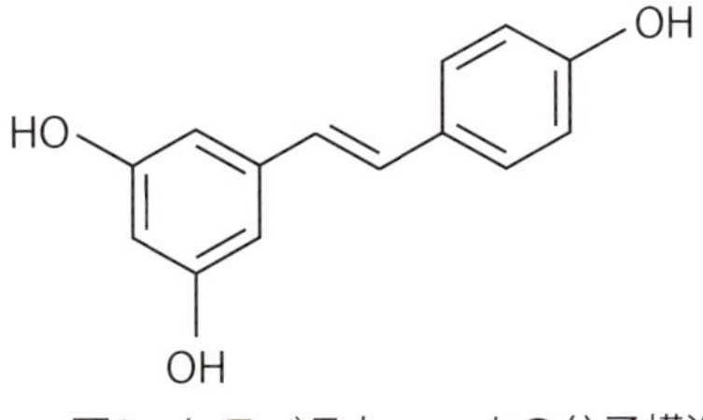

図1　レスベラトロールの分子構造

レスベラトロールの問題点と開発の目的

　レスベラトロールは水溶性が低く、それが体内への吸収性に影響していると考えられています。

　そこで、レスベラトロールの水溶性改善と生体内吸収性向上を目的として、αオリゴ糖を利用したレスベラトロールαオリゴパウダーを開発しました。

本技術の原理と検討

レスベラトロールはαオリゴ糖の空洞にフィットする分子構造をしており、αオリゴ糖の包接によってレスベラトロールの溶解度は向上します。

図2は、各環状オリゴ糖に包接されたレスベラトロールの溶解度への影響について調べたものです。過剰量のレスベラトロールを各濃度の各種環状オリゴ糖水溶液に添加し、一晩振とう（25℃）後、ろ液を分析しました。その結果、αオリゴ糖が効果的にレスベラトロールの溶解度を向上させることが分かりました。尚、βオリゴ糖は溶解度が低いため1%濃度までの検討です。

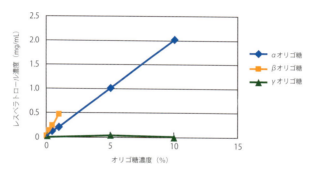

図2　各種環状オリゴ糖によるレスベラトロールの溶解度への影響

応用例や参考情報

市販されているレスベラトロール原料は通常、抽出物であるためレスベラトロールは数%しか含まれていませんが、レスベラトロールαオリゴパウダーに配合しているレスベラトロールは原料中に98%以上の純度で含有しています。

このレスベラトロールαオリゴパウダーは水中だけでなく、生体吸収性の指標となる人工腸液への溶解性が向上することも確かめられているため、摂取時の生体吸収性の向上も期待できます。光、熱に対する安定性も良好です。

引用文献
1)　寺尾啓二, *αオリゴパウダー入門*, 30 (2016).
2)　N. Aftab et al., *Phytotherapy Research*, 500 (2010).

（2）フェルラ酸の水溶化

フェルラ酸とは

　米糠や小麦のふすまなどに含まれるフェルラ酸（**図1**）は、フェノール性の水酸基によってフリーラジカルに水素を供与することで抗酸化作用を示します[1]。フェルラ酸の活性酸素の消去作用は、活性酸素の毒性から生体を防護する酵素として知られるスーパーオキシドジスムターゼと同等であることが報告されています。また、フェルラ酸には脳神経保護作用や学習能力向上作用があります。フェルラ酸は、脳内で炎症を引き起こすβ-アミロイドペプチドに対しての保護作用を示すことが報告されています。β-アミロイドペプチドをマウスの脳室内に投与すると学習記憶能力の低下が見られますが、フェルラ酸を投与すると通常の状態まで回復すると報告されています。

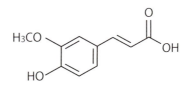

図1　フェルラ酸の分子構造

フェルラ酸の問題点と開発の目的

　フェルラ酸は水溶性が低いため、体内へ効率よく吸収されないことが問題とされています。フェルラ酸の水溶性改善と生体内吸収性向上を目的として、αオリゴ糖を利用したフェルラ酸αオリゴパウダーを開発しました。

本技術の原理と検討

　フェルラ酸はαオリゴ糖の空洞にフィットする分子構造をしており、αオリゴ糖包接によってフェルラ酸の溶解度は向上します。

　図2は、各種環状オリゴ糖に包接されたフェルラ酸の溶解度への影響について調べたものです。過剰量のフェルラ酸を各濃度の各種環状オリゴ糖

水溶液に添加し、一晩振とう（25 ℃）後、ろ液を分析しました。その結果、環状オリゴ糖の種類によってフェルラ酸の溶解度は異なり、αオリゴ糖が効果的にフェルラ酸の溶解度を向上させることが分かりました。尚、βオリゴ糖は溶解度が低いため1%濃度までの検討です。

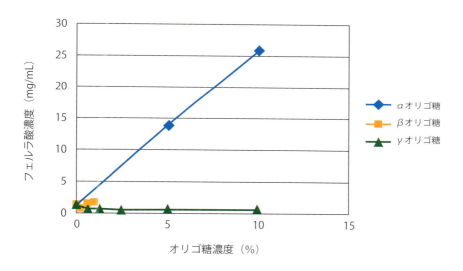

図2　各種環状オリゴ糖によるフェルラ酸の溶解度への影響

応用例や参考情報

　このフェルラ酸αオリゴパウダーは水中だけでなく、生体吸収性の指標となる人工腸液への溶解性が向上することも確かめられているため、摂取時の生体吸収性の向上も期待できます。吸収性の高いフェルラ酸素材として、飲料への配合やサプリメントとしての利用が期待できます。

引用文献
1)　寺尾啓二, *αオリゴパウダー入門*, 32 (2016).

(3) ラズベリーケトンの水溶化と安定化

ラズベリーケトンとは

　ラズベリーケトン（**図1**）はその名の通りラズベリーに含まれる化合物で、主にダイエットに効くことで知られています。

　ラズベリーケトンは石鹸や洗剤、化粧品、香水、食品の香料として広く使用されています。また、ラズベリーケトンには脂肪組織に蓄積された脂肪の分解を促進し、肥満の抑制、又は肥満体質を改善する効果があります。さらに、ラズベリーケトンには育毛増進作用や肌の弾性向上作用、美白作用、抗酸化作用といった多くの効果効能も見出されており、香料としてだけではなく機能性素材としても幅広い利用方法が期待されています。

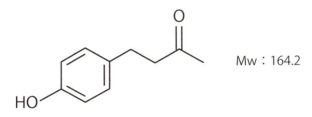

図1　ラズベリーケトンの分子構造

ラズベリーケトンの問題点

　ラズベリーケトンは水溶性が低く、機能性素材として化粧品や食品、飲料等に配合する上で課題となっています。

　そこで、水溶性をはじめとしたラズベリーケトンの性質におけるαオリゴ糖による包接の効果を検討しました。

本技術の原理と検討

　ラズベリーケトンはαオリゴ糖の空洞にフィットする分子構造をしており、包接されたラズベリーケトンは水溶性が向上する性質を示します。

　図2は、αオリゴ糖の包接によるラズベリーケトンの水溶性への影響について調べたものです[1]。ラズベリーケトンを水またはαオリゴ糖水溶液に添加した結果、αオリゴ糖が効果的にラズベリーケトンの水溶性を向上させることが分かりました。

　図3は、αオリゴ糖の包接によるラズベリーケトンの安定性への影響について調べたものです[1]。ラズベリーケトンまたはラズベリーケトンαオリゴパウダーを150℃の条件下で保存した結果、αオリゴ糖によってラズベリーケトンが安定化されていることが分かりました。

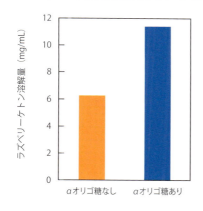

図2　αオリゴ糖によるラズベリーケトンの水溶性への影響（引用文献1より改変）

図3　αオリゴ糖によるラズベリーケトンの安定性への影響（引用文献1より改変）

応用例や参考情報

　αオリゴ糖を利用することでラズベリーケトンの水溶性や安定性が改善されたことから、機能性素材として化粧品や食品、飲料等に配合する上で扱いやすくなるだけではなく、ラズベリーケトンの生体利用能の向上も期待できます。

引用文献
1)　森采美ら, 食品と開発, 53 (6), 72 (2018).

3. αオリゴ糖のその他の応用

（1）マヌカハニーの粉末化と機能性

マヌカハニーとは

　ニュージーランドに自生するマヌカは、先住民族マオリの人々から「復活の木・癒しの木」と呼ばれ薬木として珍重されてきました。その花を蜜源とするマヌカハニーは、1年のうち4週間しか採蜜できない希少な蜂蜜です（図1）。ハーブのような優雅な香りがあり、ミネラル、ビタミン、アミノ酸、酵素などが豊富に含まれます。さらに、抗菌物質メチルグリオキサール（MGO）を高濃度に含むため一般の蜂蜜には見られない高い抗菌活性を持ちます[1]。最近ではテレビ番組などでも美容や健康維持のための食品として注目されています。

図1　マヌカハニーとMGOの分子構造

マヌカハニーの問題点と開発の目的

　蜂蜜は粘度が高くて扱いにくいため加工用途が限られています。そこで、αオリゴ糖を用いることで様々な用途に対し取り扱いを容易にしたマヌカハニーの粉末（マヌカハニーαオリゴパウダー（MAP））を開発しました。

本技術の検討

マヌカハニーαオリゴパウダー（MAP）の抗菌作用

　図2aは、感染症や食中毒の起因菌となる黄色ブドウ球菌に対するMAPの抗菌活性について調べたものです[2]。OD（Optical Density）の上昇は菌の増殖を示します。マヌカハニー単独と比較してMAPでは試験期間中ODが上昇せず、黄色ブドウ球菌の増殖を抑制できました。図2bは繁殖するとニキビを発症するとされているアクネ菌（*Propionibacterium acnes*）

に対するMAPの抗菌活性について調べたものです[3]。マヌカハニーは他の蜂蜜と比較してアクネ菌の増殖を抑制し、さらにMAPでその効果が高く、試験期間中にODは上昇しませんでした。このことから、MAPはαオリゴ糖を用いた粉末化により抗菌効果が相乗的に向上することが分かりました。

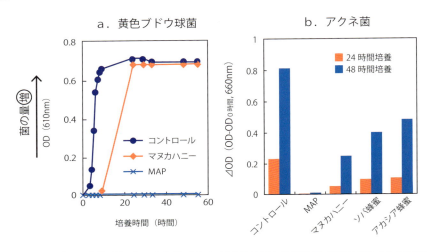

図2 黄色ブドウ球菌（a）とアクネ菌（b）に対するMAPの抗菌効果（引用文献2, 3より改変）

マヌカハニーαオリゴパウダー（MAP）の抗酸化作用

マヌカハニーにはシリング酸メチルをはじめとする抗酸化物質が豊富に含まれています[4]。**図3**はMAPの抗酸化活性について、DPPHフリーラジカル消去活性を指標として調べた結果です。マヌカハニー単独と比較してMAPではより高いラジカル消去率が観測されました。このことから、αオリゴ糖によりマヌカハニーの抗酸化効果が向上することが分かりました。

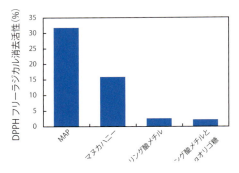

図3 MAPの抗酸化効果（引用文献4より改変）

マヌカハニーαオリゴパウダー（MAP）の血糖値上昇抑制作用

αオリゴ糖には食後の血糖値の上昇を抑える効果があります[5]。また、マヌカハニーは低GI（54～59）[6]の食材であることから、MAPは血糖値の過度な上昇を防ぐ代替甘味料としての利用が期待できます。**図4**は、マウスに砂糖とMAPを併用して投与した群（MAP併用群）と、MAP併用群と同じ量の糖質を投与した群（糖質群）の血糖値を測定した結果です。糖質の量や組成が同じにもかかわらず、糖質群と比べてMAP併用群で血糖値の上昇が抑制される傾向が示されました[7]。

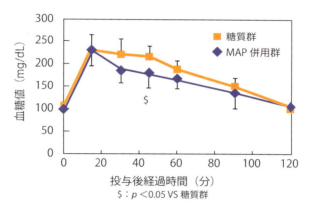

図4　MAP併用による血糖値上昇抑制効果（引用文献7より改変）

応用例や参考情報

ここで紹介した機能性の他にも、MAPは抗炎症作用や抗肥満作用、骨粗鬆症予防作用、整腸作用[3]など様々な効果効能を持ちます。これら機能性を活かしたMAPの食品やサプリメントとしての利用が期待されます。また、マヌカハニー以外の蜂蜜もαオリゴ糖を用いることで粉末化できるため、様々な用途に対し、ハチミツの取り扱いが容易になります。

引用文献
1) H. Paulus et al., *Plos ONE*, 6 (3), e17709 (2011).
2) 城文子ら, *第26回シクロデキストリンシンポジウム講演要旨集*, 140 (2009).
3) 上野千裕ら, *FOOD Style 21*, 21 (11), 65 (2017).
4) 城文子ら, *第33回日本臨床栄養学会要旨集*, 159 (2011).
5) J.D. Buckley et al., *Ann Nutr Metab*, 50, 108 (2006).
6) L. Chepulis et al., *e-SPEN Journal*, 8, e21-e24 (2013).
7) 岡本陽菜子ら, *第34回シクロデキストリンシンポジウム講演要旨集*, 288 (2017).

（2）乳化剤としてのαオリゴ糖の利用

本技術の原理

αオリゴ糖は食用油のトリグリセリドを構成している脂肪酸と非常に相性が良いことが知られています。また得られるトリグリセリド-αオリゴ糖包接体は乳化剤として機能します（**図1**）。

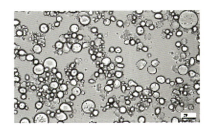

図1　トリグリセリド-αオリゴ糖（左）とそれによるエマルションの構造（中）およびそのエマルションの顕微鏡画像（右）

エマルションの特徴には、次のようなものが挙げられます。

・乳化状態の安定性が高い
・良好なテクスチャー特性を示す
・幅広い粘度調整が可能
・乳化物の熱安定性が高い

次にαオリゴ糖を用いた一般的な乳化の手順を示します（**図2**）。

図2　αオリゴ糖を用いた水-油エマルションの作製手順

αオリゴ糖を用いた乳化作用では水、油、αオリゴ糖の割合を変えることで、様々な粘度のエマルションを作製できます（**図3**）。

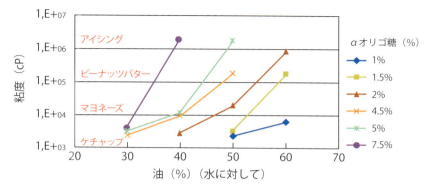

図3　水、油、αオリゴ糖の割合を変えたときのエマルションの粘度

応用例や参考情報

αオリゴ糖を用いた水-油エマルションには以下のような利点が期待できます。

- 動物性油脂（飽和脂肪酸）を必要としない
- 卵フリー
- アレルギーフリー
- 低カロリー
- 高い保存安定性
- 高いハンドリング特性
- 高い熱安定性
- 食物繊維としての効果

これらのことからαオリゴ糖を用いた水-油エマルションは、例えばエッグフリーマヨネーズや溶けにくいホイップクリームなど、新たな食品開発にご利用いただけます。

引用文献
1)　島田和子ら, 日本食品工業学会誌, 38, 16 (1991).

(3) ココナッツオイルの粉末化

ココナッツオイルとは

　日本は超高齢社会を迎えており、認知症予防、生活習慣病予防、ダイエット効果、美容効果のある機能性素材としてのココナッツオイルが、このところ、にわかに注目され始めています。

　ココナッツオイルの主要成分はラウリン酸などの中鎖脂肪酸です。中鎖脂肪酸の利点は長鎖脂肪酸に比べ、代謝されやすくエネルギーに変換されやすい点で（**図1**）、ダイエットの目的とともに、アスリート、患者、高齢者の栄養補給源としても有用であることが分かっています。また、抗ウイルス作用、抗てんかん、心血管疾患リスクの低減[1]、動脈硬化予防、変異原性抑制、LDLコレステロール低減、認知症予防効果など実に様々な報告があります。その中でも、特に注目されているのがダイエット効果とアルツハイマー病の予防と改善です。

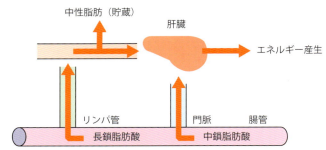

図1　長鎖脂肪酸と中鎖脂肪酸の中性脂肪としての貯蔵とエネルギー産生
（引用文献2より改変）

ココナッツオイルの問題点と開発の目的

　ココナッツオイルは低温では固体ですが、夏などの暑い季節には液体となってしまうため、チュアブルやハードカプセル、油脂であるため水分散性が高い顆粒への応用が難しい問題がありました。

　そこで、水分散性が高いココナッツオイルの粉末化を目的として、αオリゴ糖を利用したココナッツオイルαオリゴパウダーを開発しました。

本技術の原理と検討

　ココナッツオイルの脂肪酸部位はαオリゴ糖の空洞にフィットする分子構造をしており、αオリゴ糖で包接することで粉末化が可能となり、包接されたココナッツオイルαオリゴパウダーは水に対して高い分散性を示します。

　表1は、ココナッツオイルの粉末化と水分散性に対するココナッツオイルの配合率の影響について調べたものです。ココナッツオイル50%以下の配合比で粉末となりました。また、ココナッツオイル20%以下の粉末は高い水分散性を示すことが分かりました。

表1　ココナッツオイルの粉末化と水分散性に対するαオリゴ糖の添加効果

ココナッツオイル配合率（w/w%固形分）	10	20	50	90
粉末化	○	○	○	×
ココナッツオイルαオリゴパウダーの水分散性 （1%条件、10分間静置）	○	○	×	×

応用例や参考情報

　ココナッツオイルは、撹拌機を用いて飲料に混ぜた状態で摂取する方法がしばしば推奨されていますが、開発されたココナッツオイルαオリゴパウダーを利用することで、撹拌機を使用することなく、飲料に分散させることができます。

　また、αオリゴ糖は脂肪分の吸収を抑える働きを持っていますが、長鎖の飽和脂肪酸に対して選択的に吸収を抑え、中鎖脂肪酸については吸収を抑制しないと考えられていますので、ココナッツオイルの効果の邪魔をせずに、他の脂肪分の吸収を抑制することができます。

引用文献
1)　A.S. Babu et al., *Postgraduate Medicine*, 126（7）, 76（2004）.
2)　http://blog.livedoor.jp/cyclochem02/archives/43003421.html

（4）L-カルニチンの低潮解性粉末

L-カルニチンとは

　ヒトケミカル（ヒトの生体内で作られている生体を維持するための機能性成分）の一つであるL-カルニチンは（**図1**）、生体内で脂肪酸をミトコンドリアに運び、脂肪の燃焼を促す働きを持ちます。しかし、L-カルニチンの体内での合成量は年齢と共に下がってきますので、食事やサプリメントによる補給が必要とされています。

　モンゴル人は日頃、羊肉を常食としていますが、羊肉には牛肉や豚肉に比べ4-5倍のL-カルニチンが含まれています。一方、日本人は羊肉をあまり食べないこともあり、他国と比べて普段の食事からのL-カルニチン摂取量が比較的少なく[1]、サプリメントによる摂取が必要です。

　サプリメントとしてのL-カルニチンは、その補給によって脂肪燃焼効果を持つことが広く認知されていますが、その他に筋肉増強保持、運動能力向上、認知機能の改善にも有用であることが報告されています。

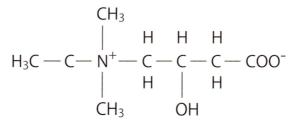

図1　L-カルニチンの分子構造

L-カルニチンの問題点と開発の目的

　L-カルニチンは本来固体の粉末ですが、湿気に含まれる水分を取り込みやすく、空気中に置いておくだけで水のような液体に変化するため（この性質を潮解性と言います）、チュアブルやハードカプセル、顆粒などへの応用が難しい問題がありました。

　そこで、L-カルニチンの潮解防止を目的として、αオリゴ糖を利用したL-カルニチンαオリゴパウダーを開発しました。

本技術の原理と検討

　L-カルニチンに対するαオリゴ糖の潮解防止作用の原理についてははっきりとはわかっていませんが、L-カルニチンの周りにαオリゴ糖が存在することで、水分がαオリゴ糖に取り込まれ、結果的にL-カルニチンの潮解性が抑制されると考えられています。

　図2は、L-カルニチンαオリゴパウダーの潮解性について調べたものです。水存在下でL-カルニチンをαオリゴ糖と1:9の割合にて撹拌し、その後粉末化しました。各サンプルを下部に水をはったデシケーター内に静置し、25℃で24時間静置しました。静置後に状態観察と乾燥減量（105℃）を測定し、重量増加率を求めました。L-カルニチンは液状になり、約110%の重量増加率を示しました。一方、αオリゴ糖との混合粉末は粉末状を保ったままで、重量増加率も30%以下でした。

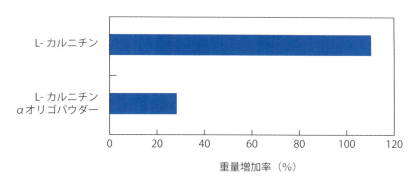

図2　L-カルニチン吸湿性に対するαオリゴ糖混合粉末化の影響

応用例や参考情報

　αオリゴ糖を用いることでL-カルニチンを潮解させずに粉末として利用できるため、ハードカプセルや顆粒、チュアブル錠などに応用できます。また、L-カルニチンとαオリゴ糖を同時に摂取できますので、L-カルニチンの脂肪燃焼作用とαオリゴ糖の脂質低減作用の相乗作用が期待できます。

引用文献
1)　王堂哲, ファインケミカル, 33（4）(2004).

(5) アミノ酸の苦み改善

アミノ酸の苦み

　アミノ酸はタンパク質やペプチドなどの原料であり、生命の維持に欠かせない成分です。ヒトを構成しているアミノ酸は20種あり、その物性によって酸性アミノ酸、塩基性アミノ酸、中性アミノ酸、疎水性アミノ酸に分類されます。

　疎水性アミノ酸は、グリシン・アラニン・バリン・ロイシン・イソロイシン・フェニルアラニン・トリプトファン・プロリン・メチオニンの9種類があります。その疎水性アミノ酸の中でも波線で示した6種類のアミノ酸は体内では合成できない必須アミノ酸であり、必ず外部から摂取する必要性があります。さらに、バリン、ロイシン、イソロイシンはBCAAと呼ばれており（**図1**）、運動時の筋肉でエネルギー源となるため、サプリメントとして利用されています。

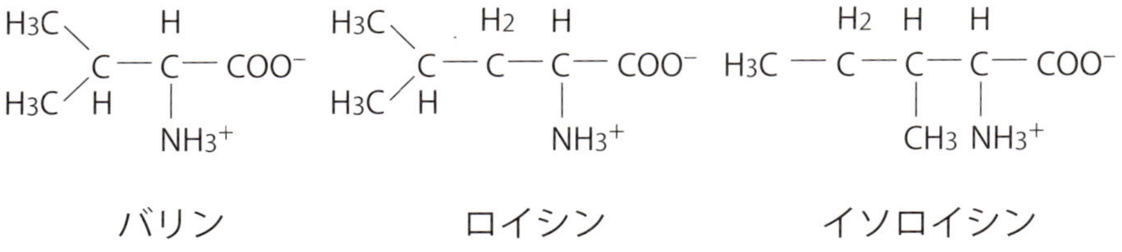

図1　BCAAの分子構造

疎水性アミノ酸の問題点とαオリゴ糖による苦み低減作用

　疎水性アミノ酸には、生体恒常性を維持するために必要なアミノ酸が多数ありますが、疎水性アミノ酸に分類されるアミノ酸の多くは苦みを持っており、食べ辛さの原因になっています。

　そこで、疎水性アミノ酸の苦みの低減を目的として、αオリゴ糖を利用することで苦みが抑えられた疎水性アミノ酸の摂取方法を検討しました。

本技術の原理と検討

疎水性アミノ酸はαオリゴ糖の空洞にフィットする分子構造をしており、包接された疎水性アミノ酸は苦みが低減します。

表1は、各アミノ酸にαオリゴ糖を添加した際の苦みの低減について評価されたものです[1]。各アミノ酸水溶液（アミノ酸として200mM〜300mM）にαオリゴ糖を添加し、官能試験にて評価した結果、いずれのアミノ酸に対してもαオリゴ糖は効果的に苦みを低減させることがわかりました。

表1　疎水性アミノ酸に対するαオリゴ糖の苦み低減効果（引用文献1より改変）

	フェニルアラニン	バリン	ロイシン	イソロイシン
A	+	+	+	+
B	+	++	+	+

A：αオリゴ糖を各アミノ酸に対して1/3〜1.5モル等量添加した場合
B：αオリゴ糖を各アミノ酸に対して過剰量添加した場合
苦み低減評価: ++ >75%、+ > 50%、± > 25%、- < 25%

応用例や参考情報

αオリゴ糖とBCAAの混合粉末にすることで、より摂取しやすくなるだけでなく、BCAAの筋肉増強作用とαオリゴ糖の脂肪低減作用などとの相乗的な働きを持たせることができます。

また、αオリゴ糖の苦み低減作用はアミノ酸だけではなく、ペプチドやタンパク質の加水分解物にも効果を有することが判明しており[2]、サプリメントや飲料、加工食品などにおいて多様な用途で利用できます。

引用文献
1)　M. Tamura, *Agric. Biol. Chem.,* 54（1）, 41（1990）.
2)　G.A. Linde et al.., *Food Res. Int.,* 42, 814（2009）.

44

4. αオリゴ糖の難消化性糖質としての機能性と応用

(1) αオリゴ糖による血糖値上昇抑制作用

　生活習慣病の一種である糖尿病は世界的に罹患者が増えている疾病で、日本でもライフスタイルの変化などから予備軍を含めた患者数は増加しており、早急な対応が必要とされています。糖尿病予防や治療においては食生活の改善や血糖コントロールが基本であり、血糖値の急激な上昇を抑えることが大切です。ここではαオリゴ糖によるデンプン、および、スクロース(砂糖)の摂取による血糖値上昇に対する抑制作用について紹介します。

αオリゴ糖による血糖値上昇抑制作用（αアミラーゼ阻害作用）

　αオリゴ糖は試験管での試験において、デンプンを分解する酵素であるαアミラーゼ阻害作用を示すことが報告されています[1]。

　さらに、αオリゴ糖はヒト試験においても、米飯摂取による血糖値の上昇を用量依存的に抑制することが報告されています[2]。米飯(炭水化物量：50 g)にαオリゴ糖を0 g、2 g、5 g、10 g添加した食事摂取後の血糖値の推移を健康なボランティア10名にて測定しました（**図1**）。αオリゴ糖は摂取量依存的に米飯摂取による血糖値の上昇を抑制したことから、ヒト試験においてもαアミラーゼ阻害作用のあることが示唆されました。

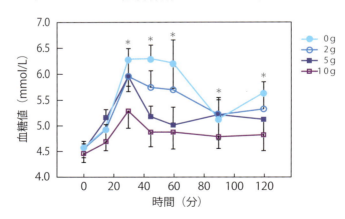

図1　米飯摂取時のαオリゴ糖の血糖値上昇抑制効果（引用文献2より改変）
（*：$p < 0.05$　VS 0分（摂取前））

αオリゴ糖による血糖値上昇抑制作用（αグルコシダーゼ阻害作用）

αオリゴ糖がαアミラーゼ阻害作用を示すことから、二糖類分解酵素であるαグルコシダーゼ阻害作用についても検討しました。マウスに各種環状オリゴ糖を摂取させ、その後スクロース負荷試験を実施しました。その結果、αオリゴ糖を予め摂取しておくことでスクロース摂取による血糖値の上昇が濃度依存的に抑制されることが分かりました（**図2**）。この効果はβオリゴ糖やγオリゴ糖の摂取では見られず、むしろγオリゴ糖では血糖値のさらなる上昇が確認されました（γオリゴ糖は消化性ですので、グルコースに分解され、血糖値を上昇させます。）。この結果から、αオリゴ糖はαグルコシダーゼ(スクラーゼ)阻害作用もあることが示唆されました。

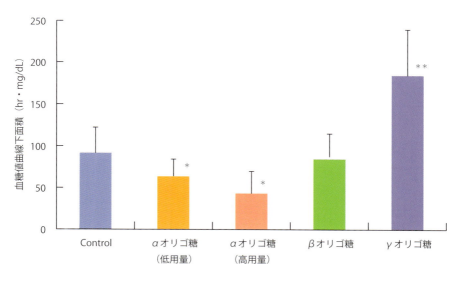

図2　スクロース摂取時の各種環状オリゴ糖の血糖値上昇に与える影響
（*：$p < 0.05$、**：$p < 0.01$　VS Control）

血糖値上昇抑制効果（αグルコシダーゼ阻害作用）の原理

　αグルコシダーゼ阻害作用の原理を調べるために、スクラーゼに対して不拮抗阻害するアラビノースとαオリゴ糖を併用した場合の血糖値に対する影響を調べました。アラビノース単独、もしくはアラビノースとαオリゴ糖の両方を予め摂取させ、その後スクロース負荷試験を行いました。その結果、アラビノース単独よりもアラビノースにαオリゴ糖を併用するとスクロースによる血糖値の上昇は有意に抑制されました（**図3**）。

　このことから、αオリゴ糖は不拮抗型ではないαグルコシダーゼ（スクラーゼ）阻害作用を有していると考えられました。

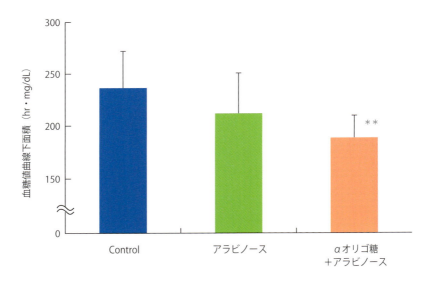

図3　αオリゴ糖とアラビノースの併用効果
(** : $p < 0.01$ VS Control)

　αオリゴ糖はαアミラーゼやαグルコシダーゼといった糖分解酵素を阻害することでデンプンやスクロースからグルコースへの分解を抑制し、食後血糖値の過度な上昇を抑制することが分かりました。

応用例や参考情報

　スクロースにαオリゴ糖を1割配合したファイバーシュガーという製品が株式会社ハートテックより上市されています。このファイバーシュガーをマウスに経口投与した群とスクロースだけを経口投与した群（Control）の血糖値の推移を比較すると、ファイバーシュガーを投与した群においてスクロースによる血糖値の上昇が有意に抑制されることが明らかとなりました（**図4**）[3]。

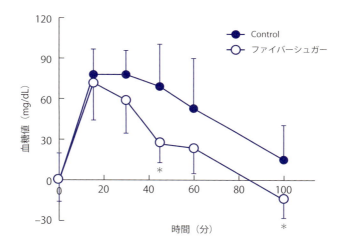

図4　ファイバーシュガー摂取時の血糖値の推移（引用文献3より改変）
（＊：$p < 0.05$　VS　Control）

　スクロースにαオリゴ糖を添加することで、スクロースとほぼ同様の甘味を保持し、さらに急激な血糖値の変動を引き起こさない砂糖の代替品としての使用が期待されます。

引用文献
1) N. Oudjeriouat et al., *Eur. J. Biochem.*, 270, 3871 (2003).
2) J.D. Buckley et al., *Ann. Nutr. Metab.*, 50, 108 (2006).
3) 松尾昌ら, *食品と開発*, 51 (9), 17 (2016).

（2）αオリゴ糖による食後の血中中性脂肪上昇抑制作用と飽和脂肪酸選択的排泄作用

αオリゴ糖は中性脂肪や脂肪酸に対して包接作用を有し、包接作用によって食後の血中中性脂肪に対する上昇抑制作用や飽和脂肪酸を選択的に排泄します。ここではそれらの作用について紹介します。

食後の血中中性脂肪上昇抑制作用

脂肪分を含む食事を摂取すると、食事の中性脂肪が吸収された影響により、食後に血中の中性脂肪値が上昇します。そのため、食後の血中中性脂肪値の上昇抑制効果は、食事由来の中性脂肪の吸収抑制効果の指標にされています。

脂肪分を含む食事とともにαオリゴ糖を摂取することによって食後の血中中性脂肪値の上昇を抑えることができます。図1はヒト試験の結果です。αオリゴ糖を摂取した群は、対照群と比べて食後の血中中性脂肪値の上昇が有意に抑えられました[1]。他の中性脂肪低減効果のある食物繊維は5gの摂取が必要ですが、αオリゴ糖では僅か2gで同様の効果を示します。また、αオリゴ糖1gにつき、中性脂肪9g分の吸収抑制効果を持つことを示唆する結果も得られています[2]。

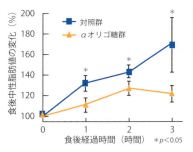

実験：空腹時の血中中性脂肪値がやや高めを含む健常人が、脂質を含む食事とともにαオリゴ糖もしくはセルロース（対照）を2g摂取しました。食事直前と食後の血中中性脂肪値を測定しました。

（引用文献1より改変）

図1　αオリゴ糖による食後血中中性脂肪値の上昇抑制効果

飽和脂肪酸選択的排泄作用

αオリゴ糖は中性脂肪の中で飽和脂肪酸を選択的に排泄することができます。

中性脂肪に含まれている脂肪酸は、鎖の長さや不飽和度によって分類されています。その中で、長鎖の飽和脂肪酸は体に蓄積されやすく、過剰摂取すると健康に好ましくなく、一方、不飽和脂肪酸や中鎖の飽和脂肪酸は健康に好ましいことが知られています。

図2はαオリゴ糖を摂取後に排泄された脂肪酸の種類について調べたものですが、αオリゴ糖は不飽和脂肪酸に対して飽和脂肪酸を選択的に排泄する結果が得られています[3]。一方、食物繊維の一種であるキトサンでは選択性は見られませんでした。

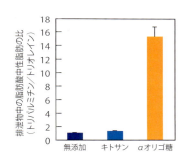

実験：ラットに飽和脂肪酸の中性脂肪（トリパルミチン）と不飽和脂肪酸の中性脂肪（トリオレイン）が等量含まれた食餌を摂取させた群（無添加群）と、キトサンを加えて摂取させた群、αオリゴ糖と中性脂肪をあらかじめ包接処理をしてから摂取させた群を設定し、それぞれの群を1週間飼育した後に排泄物中の飽和脂肪酸と不飽和脂肪酸の比率を測定しました。

(引用文献3より改変)

図2　αオリゴ糖による飽和脂肪酸選択的排泄作用

作用メカニズム

食事で摂取された中性脂肪は、小腸にて消化酵素によって脂肪酸などに分解し、胆のうから分泌される界面活性剤である胆汁酸によって溶解、吸収されます。

αオリゴ糖は中性脂肪や脂肪酸を包接し、その働きによって中性脂肪の吸収抑制や、飽和脂肪酸を選択的に排泄します（図3）。

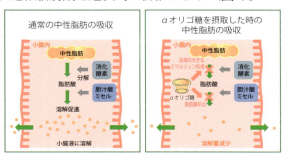

図3　αオリゴ糖の中性脂肪や脂肪酸に対する吸収抑制メカニズム

αオリゴ糖は中性脂肪の脂肪酸部位を包接し、界面活性剤がなくともエマルションを形成することができます。小腸管腔において、αオリゴ糖は中性脂肪とエマルションを形成し、その作用によって中性脂肪の分解酵素と近づきにくくなり、中性脂肪の分解および吸収が阻害されると考えられています。

　図4は中性脂肪に対するαオリゴ糖のエマルション形成作用について示したものです[4]。この時、αオリゴ糖に対して油脂を12倍量加えた場合に油滴の大きなエマルションを形成しており、αオリゴ糖1gにつき、中性脂肪9g分の吸収抑制効果と近い割合になっています。

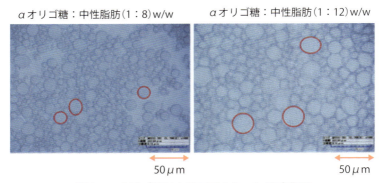

図4　αオリゴ糖によるエマルション形成作用
（引用文献4より改変）

　さらに、αオリゴ糖は小腸液に溶解している脂肪酸を包接作用によって析出させる働きを持っています。析出した脂肪酸は小腸膜を透過できないため、排泄されます。この析出作用は脂肪酸の種類によって異なり、長鎖の飽和脂肪酸やトランス脂肪酸に対して、より効果的に排泄させることが見いだされています。

　図5は脂肪酸に対するαオリゴ糖の析出作用について示したものです[5]。各脂肪酸を溶解させた食後の腸液を模した溶液にαオリゴ糖を添加し、体温に近い37℃にて2時間撹拌し、溶解している脂肪酸量を測定しました。その結果、αオリゴ糖は長鎖脂肪酸に分類されるパルミチン酸とステアリン酸やトランス脂肪酸であるエライジン酸に高い析出効果を示し、中鎖脂肪酸に分類されるラウリン酸は析出させませんでした。

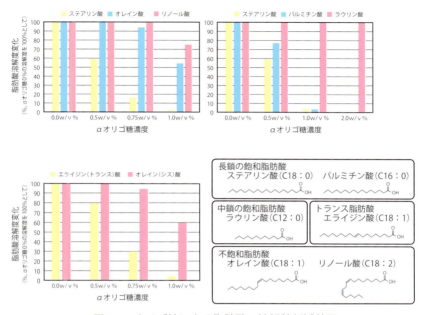

図5 αオリゴ糖による脂肪酸の溶解性低減効果

応用例や参考情報

　αオリゴ糖は水溶性を有し、熱に対する安定性も高いことから、チュアブルや顆粒、飲料、その他の加工食品など非常に多くの食品への応用が可能です。

　他の素材に対するαオリゴ糖の優位性として、中性脂肪の吸収抑制効果を持つ食物繊維は5gの摂取量を要しますが、αオリゴ糖は2gで効果を示します。また、動物試験の結果より、αオリゴ糖1gで中性脂肪9g分の吸収抑制効果があることや、他の素材にはない作用として、αオリゴ糖独自の包接作用を介した飽和脂肪酸選択的排泄作用があります。以上のことよりαオリゴ糖は他の素材より機能面で優れているといえます。

引用文献
1) P.A. Jarosz et al., *Metabolism*, 62, 1443 (2013).
2) J.D. Artiss et al., *Metabolism*, 55, 195 (2006).
3) D.D. Gallaher et al., *Faseb. J.*, 21, A730 (2007).
4) 生田直子ら, *第27回シクロデキストリンシンポジウム講演要旨集*, 160 (2010).
5) 古根隆広ら, *第33回シクロデキストリンシンポジウム講演要旨集*, 104 (2016).

（3）プレバイオティクスとしてのαオリゴ糖

　プレバイオティクスは腸内細菌のエサになる難消化性の糖質などのことを言います。以前は大腸における善玉菌の増加や便通改善などが、主な機能とされてきましたが、近年、様々な疾患と腸内細菌叢の関係が明らかになり、プレバイオティクスはより一層重要視されています。
　αオリゴ糖は難消化性かつ発酵性を有し、プレバイオティクスとして機能します。例えば、αオリゴ糖を1日3g、3か月間摂取すると、排便回数が1.5倍に、糞便中のビフィズス菌が10%から35%に増加することが判明しています。
　さらに、最近の研究により、αオリゴ糖は非常に特徴的なプレバイオティクスであることが明らかになってきています。本文ではαオリゴ糖のプレバイオティクスとしての機能や特徴について紹介します。

αオリゴ糖の腸内細菌叢の改善作用を介した抗肥満効果

　肥満は一昔前まで食べ過ぎや遺伝的背景が主な原因であると信じられてきましたが、近年、腸内細菌叢が肥満と密接に関係していることが報告されました[1]。そして、最近の研究では、αオリゴ糖の腸内細菌叢改善効果が抗肥満効果（脂肪蓄積の抑制効果）に関与している可能性が明らかになりました[2]。
　以下がその研究内容です。マウスに高脂肪食を摂取させた結果、脂肪細胞の肥大が観察されましたが、高脂肪食とともにαオリゴ糖摂取させた群（αオリゴ糖群）は脂肪細胞が小さくなり（**図1A**）、αオリゴ糖は脂肪の蓄積を有意に抑制しました。次に腸内細菌叢を解析した結果、αオリゴ糖群はHFD群と比べ、善玉菌である乳酸菌や、最近ではヤセ菌とも言われているバクテロイデス菌の割合が高く、悪玉菌であるクロストリジウム菌の割合が低くなり（**図1B**）、さらに盲腸内容物中の各短鎖脂肪酸が増加しました（**図1C**）。

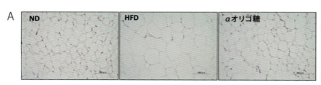

実験：正常マウスを通常食群（ND）、高脂肪食群（HFD）、高脂肪食にαオリゴ糖を添加した群（αオリゴ糖）に分け、16週間摂取させた後、分析しました。

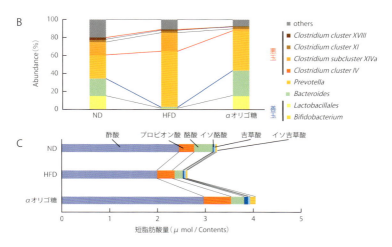

図1　αオリゴ糖摂取による脂肪組織や腸内細菌叢、盲腸中の短鎖脂肪酸量への影響
（引用文献2より改変）

　αオリゴ糖は体内にほとんど吸収されないため、それ自体が体内で機能することはありません。そこで、αオリゴ糖の作用メカニズムについて、αオリゴ糖が腸内で産生した短鎖脂肪酸が関与しうる脂肪組織の遺伝子発現を調べました。その結果、αオリゴ糖は脂肪細胞の分化に関与するPPARγの発現量を増加させ、脂肪酸合成酵素FASの発現量を低下させていることがわかりました。これらの結果から、αオリゴ糖は腸内における短鎖脂肪酸の産生を介して、脂肪組織の脂質代謝を制御し、抗肥満効果を発揮していることが示唆されました。

αオリゴ糖の腸内細菌叢の改善作用を介したアテローム形成抑制効果

　アテロームは脂肪や炎症細胞などがプラークを形成したものです。血管中でアテロームが形成されるとアテローム性動脈硬化を引き起こしますが、αオリゴ糖は腸内細菌叢の改善効果を介してアテローム形成を抑制する機能を持つことが報告されています[3]。以下がその研究内容です。マウスに高脂肪食を摂取させた群（WD）ではアテロームの形成が見られ、高脂肪食とともにαオリゴ糖を摂取させた群（WDA）ではアテロームの形成が抑制されました（図2）。さらに、作用メカニズムについて調べたところ、アテローム形成抑制効果と腸内細菌叢や盲腸内容物重量の変化の間に強い

相関性が確認され、αオリゴ糖のアテローム形成抑制効果には腸内細菌叢の改善効果が関与していることが示唆されました。また、この検討ではαオリゴ糖はイヌリンよりも高い効果を示す結果も得られています。

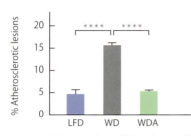

実験：ApoE KO マウスを通常食群（LFD）、西洋の高脂肪食群（WD）、WD食にαオリゴ糖を添加した群（WDA）に分け、11週間摂取させた後、分析しました。図の縦軸は大動脈中のアテローム性動脈硬化部位の割合を示しています。

**** $p < 0.001$

（引用文献3より改変）

図2　αオリゴ糖による大動脈のアテローム形成抑制効果

αオリゴ糖のアンモニア血症抑制効果

アンモニアはおならや糞便などの排泄物に含まれている物質ですが、血中アンモニア濃度が高まると脳に達し、脳障害（肝性脳症）が引き起こされます。アンモニアは主に腸内での腸内細菌による発酵によって作られ、血中を循環します。健常な体であればアンモニアは肝臓で代謝されますが、病気などで肝機能が落ちるとアンモニアが代謝されず、体に様々な悪影響をもたらします。

αオリゴ糖はアンモニアを減らすことが明らかにされています[4]。**図3**はラットの門脈血漿中のアンモニア濃度について、αオリゴ糖摂取の影響を調べたものですが、αオリゴ糖の摂取により、アンモニア濃度は低減し、高アンモニア血症治療薬であるラクチトールよりも優れた効果を示しました。

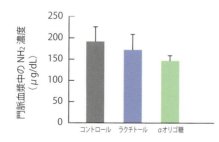

実験：正常ラットにαオリゴ糖を経口投与した群（αオリゴ糖）、ラクチトールを経口投与した群（ラクチトール）、水のみを経口投与した群（コントロール）に分け、投与4日後に分析しました。

（引用文献4より改変）

図3　ラット毛細血管中のアンモニア濃度に対するαオリゴ糖の影響

αオリゴ糖の腸内細菌に対する特徴的な作用と応用

　腸内細菌叢の改善効果に対するαオリゴ糖の特徴は短鎖脂肪酸のスローリリースです。**図4**はαオリゴ糖の代謝速度を示したものですが、デンプンや消化性のオリゴ糖などと比べ、非常にゆっくり代謝されることがわかっています[5]。

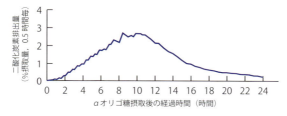

図4　αオリゴ糖の代謝速度（引用文献5より改変）

　αオリゴ糖の腸内細菌による利用性を調べるためにヒトの腸内細菌の優先種の一つ、*Bacteroides thetaiotaomicron*を用いて検証した結果、αオリゴ糖は消化性が低く、短鎖脂肪酸生成能が高いことがわかりました（**図5**）[6]。これらの結果から、αオリゴ糖は大腸の深くまで届いて、短鎖脂肪酸を効率よくスローリリースする有用なプレバイオティクスであることが示唆されました。

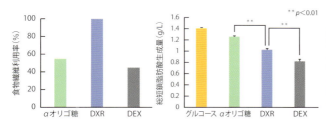

図5　*Bacteroides thetaiotaomicron*に対するαオリゴ糖の資化性

引用文献
1)　J.C. Clemente et al., *Cell*, 148（6）, 1258（2012）.
2)　N. Nihei et al., *Biofactors*,（2018）.
3)　T. Sakurai et al., *Mol. Nutr. Food Res.*, 61（8）（2017）.
4)　WO 2009/123029 A1.
5)　B.V. Ommen et al., *Regul. Toxicol. Pharmacol.*, 39, S57–S66（2004）.
6)　篠原涼平ら, *第35回シクロデキストリンシンポジウム講演要旨集*, 174（2018）.

（4）乳酸菌との組み合わせによるシンバイオティクス

シンバイオティクスとは

　近年、腸内フローラという言葉が浸透し、腸内環境への関心が高まってきています。ヨーグルトをはじめ乳酸菌飲料など腸内フローラを整える製品は年々売り上げを伸ばしています。ヨーグルトのように腸内フローラを整える菌を含む食品をプロバイオティクスと呼びます。一方で、食物繊維やオリゴ糖など腸内細菌のエサになることで腸内フローラを整える食品をプレバイオティクスと呼びます。そして、プロバイオティクスとプレバイオティクスの組み合わせをシンバイオティクスと呼びます。シンバイオティクスは単独で用いた場合よりもより効果的に腸内フローラを整えることができ、健康の維持・増進に寄与する作用が強まるとされています。

シンバイオティクスへのプレバイオティクス応用に対する課題と開発

　通常、プレバイオティクスはプロバイオティクスのエサとなるため同時に配合するとプレバイオティクスが分解されてしまう問題点があります。例えば、ヨーグルトに一般的なオリゴ糖を加えると、ヨーグルト中に存在する乳酸菌やビフィズス菌によって分解され、オリゴ糖本来の効果を発揮できなくなります。これらを解決するためには、乳酸菌やビフィズス菌などのプロバイオティクス存在下では分解されず、体内の善玉菌に対するエサとなって分解されるプレバイオティクスが必要になります。

　αオリゴ糖は難消化性の性質を持っているため、ヒトの消化酵素では分解されにくく、大腸まで運ばれ善玉菌のエサとなることが知られています[1, 2]。一方、ヨーグルト由来の菌は、αオリゴ糖を食べることができるものとできないものがあります。そこで、プレバイオティクスの一つであるαオリゴ糖のシンバイオティクスとしての可能性について検討しました。

本技術の原理と検討

　シンバイオティクスの問題点は製品としての保存中にプロバイオティクスによってプレバイオティクスが分解することです。αオリゴ糖（プレバ

イオティクス）とヨーグルト由来の善玉菌（プロバイオティクス）の組み合わせの場合、αオリゴ糖を安定に保ち、腸内においてシンバイオティクスとして利用できることが分かりました。

図1は、糖を含まないYP培地中にαオリゴ糖や他のオリゴ糖を加え、それぞれの培地でのヨーグルト由来のプロバイオティクス（乳酸菌やビフィズス菌）の増殖について検討した結果です。αオリゴ糖を含んだ培地ではこれらの菌の増殖は見られませんでした。この結果は、プロバイオティクスに対してαオリゴ糖は利用されにくく、安定であることを示しています。

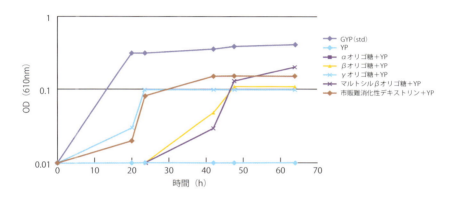

図1　αオリゴ糖の菌増殖能に対する影響

応用例や参考情報

αオリゴ糖を一日当たり3g、3週間摂取することでビフィズス菌の増加や排便回数が約1.5倍になることが分かっています。αオリゴ糖単独でも腸内フローラを整え、便秘の改善効果を期待した機能性素材として利用できますが、他のヨーグルト菌と組み合わせたシンバイオティクス素材として用いることで、プロバイオティクスとの相乗効果が期待できます。

引用文献
1)　寺尾啓二ら, スーパー難消化性デキストリン"αオリゴ糖", (2017).
2)　寺尾啓二ら, シクロデキストリンの応用技術, (2008).

（5）αオリゴ糖による抗アレルギー作用

アレルギーとは

　アレルギーは、体内に入ってきた異物、病原体、毒素などから体を保護するための免疫反応が過剰に起こってしまうことで、体に様々な悪影響を引き起こします。平成23年リウマチ・アレルギー対策委員会報告書によると、日本の全人口の約2人に1人が何らかのアレルギー疾患に罹患していることが報告されており、アレルギーは社会的な問題となっています。

αオリゴ糖の抗アレルギー作用の発見と仕組み

　シクロケム社ではαオリゴ糖を肥満や糖尿病予防の健康食品として2003年に世界に先駆けて開発・販売を行いました。この時、喘息やアトピー肌などのアレルギー症状を持つ方々から「アレルギー症状が改善した」との報告が寄せられ、ヒト・動物試験の結果、αオリゴ糖に抗アレルギー作用のあることが発見されました[1]。

　αオリゴ糖が抗アレルギー作用を示す理由は2つ考えられます。

　1つ目はαオリゴ糖の包接作用により、αオリゴ糖が消化管内で異物を包接することで、異物の吸収を阻害し、免疫反応を改善します。2つ目はαオリゴ糖の腸内細菌改善作用です。これは「食物繊維は腸内細菌によって短鎖脂肪酸に分解され、その短鎖脂肪酸がアレルギー症状を改善する」という報告に基づいています[2]。そして、これまでの研究によってもαオリゴ糖を摂取することが腸内細菌叢を改善し、短鎖脂肪酸を増やすことが分かっています。

抗アレルギー作用の検討

　表1はαオリゴ糖のアレルギー性鼻炎に対する効果について調べたものです。アレルギー性鼻炎の症状を有する被験者12名に2カ月間毎日αオリゴ糖を5g摂取してもらい、鼻炎の症状の変化を検討しました。その結果、被験者12名のうち7名が完治し、3名が改善しました。また効果不明であったのはわずか2名でした[3]。

図1は、αオリゴ糖の気管支喘息に対する効果について調べたものです。気管支喘息の症状を有する被験者16名に毎日αオリゴ糖を1日2回2.3gずつ摂取してもらい、喘息の症状の変化を一定期間ごとに検討しました。その結果、αオリゴ糖を摂取開始してから発作回数の低減が認められました。

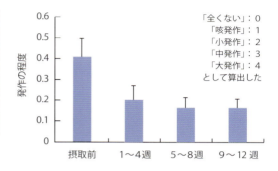

性別/年齢	完治	改善	効果不明
女性/31	○	—	—
女性/43	○	—	—
女性/44	○	—	—
男性/46	○	—	—
男性/50	○	—	—
女性/54	○	—	—
男性/55	○	—	—
男性/38	—	○	—
女性/46	—	○	—
女性/57	—	○	—
男性/33	—	—	○
男性/36	—	—	○

完治：症状消失
改善：くしゃみ、鼻詰まり、鼻水の減少
効果不明：変化なし

表1　αオリゴ糖の鼻炎に対する効果
（引用文献3より改変）

図1　αオリゴ糖の喘息に対する効果
（引用文献1より改変）

応用例や参考情報

　アレルギーに対する効果だけではなく腸内細菌叢の改善を介した肥満改善など[4]、αオリゴ糖には様々な作用が期待できます。また、αオリゴ糖は水溶性で熱に対する安定性が高いため、飲料や加工食品、調理時の添加剤としても利用しやすく、食事とともにαオリゴ糖を摂取することで、脂質や糖質の吸収を抑制することなども確かめられています。また、αオリゴ糖は、他のオリゴ糖と違い、摂取しても血糖値が上がらないという特徴を持っています。そのため、血糖値が気になる方も安心して摂取できます。

引用文献
1) 寺尾啓二ら, スーパー難消化性デキストリン"αオリゴ糖", (2017).
2) Y. Furusawa et al., *Nature*, 504, 446 (2013).
3) K. Nakanishi et al., *J. Incl. Phenom. Macrocycl. Chem.*, 57, 61 (2007).
4) N. Nihei et al., *BioFactors*, (2018).

（6）αオリゴ糖の熱安定性

調理や食品加工による糖質の褐変化反応と健康への影響

　調理や食品加工において、糖質やタンパクと糖が混在する食べ物を揚げたり、焼いたりすると褐変化することがあります。この反応は、プリンのカラメルやご飯のおこげ、パン、焼き肉、ポテトチップスなど非常に多くの食品でみられ、風味をよくする半面、健康における悪影響が近年指摘されています。
　例えば、糖質を加熱した際の生成物にヒドロキシメチルフルフラール（HMF）があります。HMFは細胞毒性を持ち、健康面において不安視されています[1]。また、ポテトチップスにはタンパクと糖が反応（メイラード反応）した最終糖化産物（AGEs）が含まれており、その一つであるアクリルアミドは発がん性物質として問題視されています。

糖質が反応する理由とαオリゴ糖の熱安定性

　糖質には様々な種類があり、それぞれ熱安定性が異なります。例えば、白米に含まれるデンプンはグルコースよりも熱安定性が高いとされています。一方、果物や砂糖にはフルクトースが含まれていますが、フルクトースはグルコースと比べて熱安定性が低いことが分かっています。
　図1は各糖質を緩衝液（pH3.8）中で120℃、1時間加熱した後に生じるHMF生成量について示したものです。

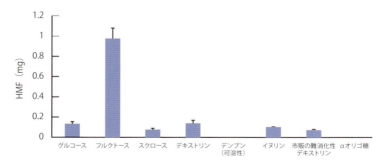

図1　各種糖質を加熱した後に生じるHMF量（引用文献2より改変）

また、糖質が熱に弱い要因として、タンパク質、アミノ酸などに対して反応しやすい部位（還元末端）の存在が挙げられます。還元末端は、反応性が高いアルデヒド基のことですが、量に差はあるものの多くの糖質が持っています。一方、αオリゴ糖は環状構造であることから還元末端を持ちません。

　図2は各糖質にアミノ酸を加えて水中で加熱（100℃）したものですが、αオリゴ糖はアミノ酸存在下でも褐変化せず、安定でした。

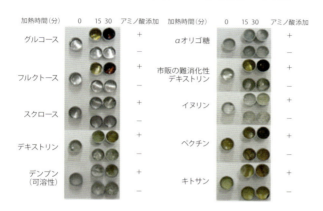

図2　各種糖質のメイラード反応性（引用文献3より改変）

応用例や参考情報

　αオリゴ糖は、食事と一緒に摂ることで効果を発揮しますが、他の多くの糖質や食物繊維と比べ、熱に強く、加熱してもカラメル化反応やメイラード反応を起こしづらい性質を持ちます。また、αオリゴ糖は無味無臭の白色粉末で水に溶けた際に無色透明になるため、そのまま飲料水やジュースなどに混ぜたり、お米と一緒に炊き込んだり、パンやうどんの材料として添加しても、もとの食品の風味や見た目を損なわないという利点があります。

引用文献
1)　S. Pastoriza de la Cueva et al., *Mol. Nutr. Food Res.*, 61（3）(2017).
2)　古根隆広ら, *第34回シクロデキストリンシンポジウム講演要旨集*, 302 (2017).
3)　古根隆広ら, *シクロデキストリンの科学と技術*, 200 (2013).

監修者紹介

■寺尾 啓二（てらお けいじ）
博士（工学）専門分野：有機合成化学
シクロケムグループ（株式会社シクロケム、株式会社コサナ、株式会社シクロケムバイオ）代表
神戸大学大学院医学研究科 客員教授
神戸女子大学健康福祉学部 客員教授

ラジオNIKKEI 健康ネットワーク　パーソナリティ　http://www.radionikkei.jp/kenkounet/
ブログ　まめ知識（健康編）http://blog.livedoor.jp/cyclochem02/
ブログ　まめ知識（化学編）http://blog.livedoor.jp/cyclochem03/

1986年、京都大学大学院工学研究科博士課程修了。京都大学工学博士号取得。ドイツワッカーケミー社ミュンヘン本社、ワッカーケミカルズイーストアジア株式会社勤務を経て、2002年、株式会社シクロケム設立。2012年、神戸大学大学院医学研究科 客員教授、神戸女子大学健康福祉学部 客員教授に就任。専門は有機合成化学。

著書
『食品開発者のためのシクロデキストリン入門』 日本食糧新聞社
『化粧品開発とナノテクノロジー』共著　シーエムシー出版
『機能性食品・サプリメント開発のための化学知識』 日本食糧新聞社　　　ほか多数

著者紹介

■古根隆広（ふるね たかひろ）
博士（医学）専門分野：食品化学、分析化学
株式会社シクロケムバイオ　テクニカルサポート　主席研究員

株式会社シクロケムホームページ　http://www.cyclochem.com/
株式会社シクロケムバイオホームページ　http://www.cyclochem.com/cyclochembio/

株式会社シクロケムのグループ企業である株式会社シクロケムバイオ入社。同社にてαオリゴ糖の機能性に関する研究に従事しつつ、2015年に神戸大学大学院医学研究科博士課程修了。神戸大学医学博士号取得。専門は食品化学と分析化学。これまでの主な研究成果として、神戸大学との共同研究により、αオリゴ糖のコレステロール吸収阻害機構や、脂肪酸に対する選択的な吸収阻害機構の解明などが挙げられる。現在はαオリゴ糖の腸内細菌改善作用などについて研究中。

著書
『シクロデキストリンの科学と技術』共著CMC出版
『食品機能性成分の安定化技術』共著CMC出版